Methoden der Präimplantationsdiagnostik. Potenzielles Anwendungsspektrum, Rechtslage und ethischer Diskurs

Bibliografische Information der Deutschen Nationalbibliothek:

Die Deutsche Nationalbibliothek verzeichnet diese Publikation in der Deutschen Nationalbibliografie; detaillierte bibliografische Daten sind im Internet über http://dnb.d-nb.de abrufbar.

ISBN: 9783346772633
Dieses Buch ist auch als E-Book erhältlich.

© GRIN Publishing GmbH
Nymphenburger Straße 86
80636 München

Alle Rechte vorbehalten

Druck und Bindung: Books on Demand GmbH, Norderstedt Germany
Gedruckt auf säurefreiem Papier aus verantwortungsvollen Quellen

Das vorliegende Werk wurde sorgfältig erarbeitet. Dennoch übernehmen Autoren und Verlag für die Richtigkeit von Angaben, Hinweisen, Links und Ratschlägen sowie eventuelle Druckfehler keine Haftung.

Das Buch bei GRIN: https://www.grin.com/document/1304229

PRÄIMPLANATIONSDIAGNOSTIK

Erläuterung der zellbiologischen und molekulargenetischen Untersuchung der PID, der Präimplantationsdiagnostik, mit Blick auf das potenzielle Anwendungsspektrum im Vergleich zu der rechtlich erlaubten Durchführung der PID in Deutschland unter Berücksichtigung des aktuellen ethischen Diskurses.

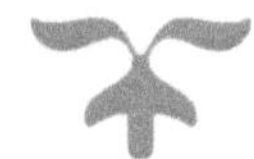

Inhaltsverzeichnis

1 Einleitung

Mithilfe der Präimplantationsdiagnostik (PID) ergibt sich die Möglichkeit künstlich befruchtete Embryonen vor der Übertragung in die Gebärmutter genetisch zu untersuchen. Diese Form von Untersuchung wird bereits in einigen europäischen Ländern und außereuropäischen Ländern praktiziert. In Deutschland ist die PID aufgrund des Embryonenschutzgesetzes (ESchG) verboten oder in Ausnahmefällen stark eingeschränkt möglich, allerdings wird über die Anwendung zurzeit immer noch diskutiert.

In dieser Facharbeit werde ich zuerst die zellbiologische und molekulargenetische Untersuchung der PID erläutern. Des Weiteren wird das potenzielle Anwendungsspektrum der Präimplantationsdiagnostik betrachtet. Danach wird die Rechtslage in Deutschland mit Hinblick auf das Embryonenschutzgesetz (ESchG) vorgenommen und um die Facharbeit abzuschließen wird ein ethischer Diskurs über die PID vollzogen.

2 Darstellung der Methoden der PID

2.1 Extrakorporale Befruchtung durch IVF/ICSI

Um eine PID durchzuführen, werden zunächst Embryonen benötigt, die außerhalb des Körpers befruchtet wurden (extrakorporal). Daher müssen der Frau Eizellen entnommen werden, um Embryonen künstlich herzustellen. Für die extrakorporale Befruchtung gibt es zwei Methoden: Die In Vitro Fertilisation (IVF) und die Intrazytoplasmatische Spermieninjektion (ICSI). Diese Methoden werden im Folgenden erläutert.[1]

Bei einem Menstruationszyklus einer Frau reift im Normalfall eine Eizelle heran. Um die Technik der In Vitro Fertilisation (IVF) anzuwenden, ist eine Eizelle zu wenig.[2] Um daher viele reife Eizellen zu erhalten, wird eine hormonelle Stimulation bei der Frau erzeugt, welche die Heranreifung mehrerer reifer Eizellen zur Folge hat.[3] Danach werden die Eizellen unter Ultraschallbeobachtung mit einer Hohlnadel entnommen und in einem speziellen Nährmedium kultiviert. Als Nächstes findet die Insemination statt. Bei der

---

[1] Vgl. Neubauer 2009, S.7
[2] Vgl. Neubauer 2009, S.8
[3] Vgl. Steck 2001, S.108

Insemination werden zu den gewonnen Eizellen Spermien dazugegeben.[4] Diese Spermienzellen werden auf ihre Anzahl, Form und Beweglichkeit vorher untersucht.[5] Nach 15 bis 20 Stunden wird betrachtet, ob es zu einer Befruchtung der Eizelle kam. Nach ca. 48 Stunden sollten sich dann 2- bis 8- zellige Embryonen gebildet haben.[6]

Neben der erläuterten Methode der IVF gibt es ebenfalls die Technik der ICSI. Diese Methode wird vor allem genutzt, wenn der Mann Fruchtbarkeitsstörungen aufweist. Bei der ICSI wird ein einzelnes Spermium in das Cytoplasma der Eizelle injiziert. Hierzu wird zunächst die Eizelle unter einem Mikroskop mit einer feinen Glaspipette fixiert. Das einzelne Spermium befindet sich in einer feinen Kanüle, welche anschließend in die Eizelle hineingeschoben wird. 16 bis 18 Stunden später wird festgestellt, ob es zu einer Befruchtung der Eizelle gekommen ist. 72 Stunden später sollten sich bei einer normalen Entwicklung 8- zellige Embryonen erkennen lassen.[7]

2.2   Embryobiopsie durch Blastomerbiopsie/Blastozystenbiopsie

Als nächstes wird den extrakorporal befruchteten Embryonen Zellen entnommen, um eine nachfolgende genetische Diagnostik durchzuführen. Je nach Entwicklung des Embryos wird entweder die Blastomerbiopsie oder die Blastozystenbiopsie genutzt.[8]

Die Blastomerbiopsie erfolgt an Embryonen am dritten Tag nach der Befruchtung, also im 6- bis 10-Zellstadium.[9] Hierbei werden den Embryonen ein bis zwei Zellen entnommen.[10] Bei der Blastomerbiopsie wird zuerst der Embryo mit einer Haltepipette fixiert. Durch eine chemische Säure (Tyrode-Lösung) kommt es zur Durchlöcherung der Eihaut (Zona pellucida). Die Durchlöcherung kann auch mit einem Laser oder mechanisch erfolgen. Anschließend werden ca. zwei Zellen mit einer Aspirationspipette entnommen. [11] Da sich der Embryo im 6- bis 10- Zellstadium befindet können meistens nicht mehr als zwei Zellen entnommen werden, da es sonst zu Entwicklungsstörungen kommen kann.[12]

---

[4] Vgl. Neubauer 2009, S.8
[5] Vgl. Bickel; Büntge; u.a. 2015, S.72
[6] Vgl. Neubauer 2009, S.8
[7] Vgl. Neubauer 2009, S.8
[8] Vgl. Neubauer 2009, S.9
[9] Vgl. Neubauer 2009, S.9
[10] Vgl. Harper; Delhanty u.a. 2001, S.133
[11] Vgl. Neubauer 2009, S.9
[12] Vgl. Hardy; Martin, u.a. 1990, Abstract

Des Weiteren gibt es die Methode der Blastozystenbiopsie. Die Blastozystenbiopsie erfolgt im Blastozystenstadium des Embryos, etwa fünf bis sechs Tage nach der Befruchtung. Im Blastozystenstadium spezialisieren sich die Zellen des Embryos in Trophoblast- und Embryoblastzellen.[13] Durch die Embryoblastzellen bildet sich im Laufe der Entwicklung der eigentliche Embryo. Die Trophoblastzellen entwickeln sich während der Schwangerschaft zur Plazenta.[14] Bei der Blastozystenbiopsie werden die Trophoblastzellen entnommen.[15] Diese Methode hat gegenüber der Blastomerbiopsie den Vorteil, dass mehr Zellen entnommen werden können (bis zu zehn Zellen), da der Embryo im Blastozystenstadium ca. aus 60 bis 80 Zellen besteht.[16] Zudem ist der Embryo selbst bei dieser Zellentnahme nicht betroffen, da Trophoblastzellen entnommen werden.[17] Ein Nachteil dieser Technik ist, dass in vitro meistens die Kultivierung des Embryos bis zum Blastozystenstadium mit viel Aufwand und Problemen verbunden ist.[18]

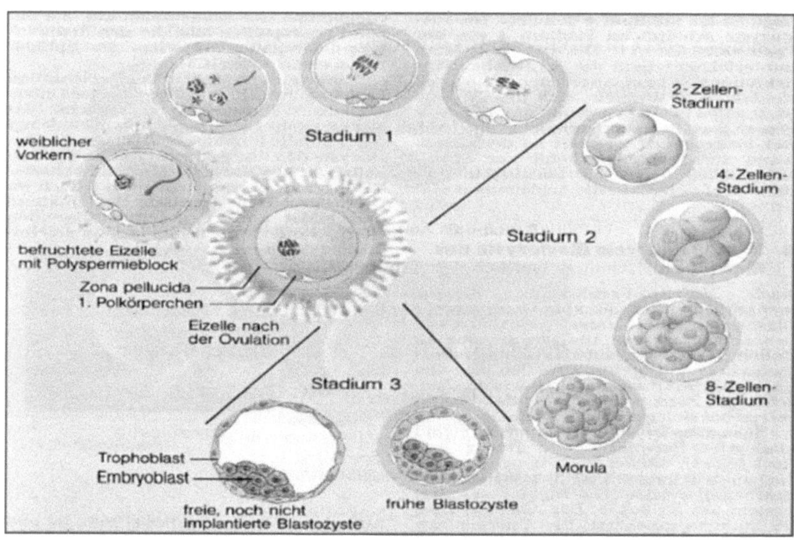

Abbildung 1: Frühe Stadien der Embryonalentwicklung (Quelle: Drews, Taschenatlas der Embryologie 1993, S.51)

---

[13] Vgl. Harper; Delhanty u.a. 2001, S.156
[14] Vgl. Neubauer 2009, S.5
[15] Vgl. Kokkali 2005, S. 1-4
[16] Vgl. Harper; Delhanty u.a. 2001, S.156-157; Verlinsky/Kuliev 2005, S.22
[17] Vgl. Neubauer 2009, S.10
[18] Vgl. Harper; Delhanty u.a. 2001, S.157-159; Macas/Wunder 2006, S.68-69

In Abbildung 1 ist eine Embryonalentwicklung und die dabei durchlaufenden Stadien dargestellt. Im Stadium 2 zwischen dem 8- und 16-Zellstadium kann die Blastomerbiopsie stattfinden. Die Blastozystenbiopsie kann dabei in Stadium 3 stattfinden.

3 Diagnostische Methoden

3.1 Polymerase-Kettenreaktion (PCR)

Durch die Polymerase-Kettenreaktion (PCR) können monogene Erbkrankheiten nachgewiesen werden, indem spezifische Veränderungen einzelner Genabschnitte festgestellt werden.[19] Bei der PCR kommt es zur enzymatischen Vermehrung eines DNA-Abschnittes in vitro, wodurch geringe DNA Mengen vervielfältigt werden können.[20] Hierzu werden folgende Bausteine in den Thermocycler gegeben: Ziel-DNA, freie Nucleotide, Taq-Polymerase[21] und Oligonukleotid-Primer, die komplementär zu den Enden des zu untersuchenden DNA-Abschnittes sind.[22] Die PCR beginnt mit der Denaturierung bei ca. 95°C. Hierbei wird durch die Hitze die Wasserstoffbrückenbindungen zwischen den Doppelsträngen gelöst, sodass zwei Einzelstränge entstehen.[23] Daraufhin folgt die Primer-Anlagerung bei ca. 50 °C. Die Oligonukleotid-Primer binden bei der Primer-Anlagerung komplementär zu dem 3'-Ende der gewünschten DNA-Sequenz. Nach der Primer-Anlagerung folgt die Polymerisation bei ca. 72°C. Am 3' Ende des Primers kann eine hitzeresistente Taq-Polymerase mit der Synthese des neuen Komplementärstranges beginnen, sodass neue Doppelstränge entstehen. Nach einem Zyklus wird die vorhandene DNA-Menge verdoppelt. Durch die Wiederholung der Zyklen aus Denaturierung, Primer-Anlagerung und Polymerisation wird eine exponentielle Vermehrung der DNA-Sequenzen ermöglicht, welche eine ausreichende Menge zur Untersuchung herstellen.[24] Anschließend kann mit der Gelelektrophorese überprüft werden, ob ein Gendefekt vorliegt oder nicht. [25]

---

[19] Vgl. Harper; Delhanty u.a. 2001, S.191
[20] Vgl. Buselmaier/Tariverdian 1999, S.42
[21] Vgl. Nicolay, Antwerpes u.a. 2020
[22] Vgl. Neubauer 2009, S.14
[23] Vgl. Nicolay, Antwerpes u.a. 2020
[24] Vgl. Knippers 2001, S.476; Rehm/Hammer 2001, S.55; Nicholl 2002, S.122-125
[25] Vgl. Macas/Wunder 2006, S.73-74

3.2 Fluoreszenz-in-situ-Hybridisierung (FISH)

Des Weiteren gibt es die Methode der Fluoreszenz-in-situ-Hybridisierung. Die FISH Methode schafft die Möglichkeit, einzelne Chromosomen oder Chromosomenfragmente sichtbar zu machen. Dadurch können Abweichungen vom normalen Chromosomenbild erkannt werden. Ebenso kann durch die FISH Methode eine Geschlechterbestimmung vollzogen werden.[26] Der erste Schritt ist die Denaturierung der DNA-Doppelstränge bei 75°C. Danach folgt die Hybridisierung. Dabei werden DNA-Sonden, die mit einem Fluoreszenzfarbstoff markiert sind, hinzugegeben und binden bei einer Temperatur von 37°C an die homologen chromosomalen Abschnitte der zu untersuchenden DNA-Einzelstränge. Anschließend werden Farbsignale mit einem Fluoreszenz-Mikroskop beobachtet, welches das Geschlecht des Embryos nachweisen bzw. eine chromosomale Störung aufzeigen kann, falls eine vorliegt. Die Anzahl der Farbsignale impliziert dabei die Anzahl der Chromosomen. Die Sonden bei Y-Chromosomen werden mit grün markiert und die Sonden bei X-Chromosomen enthalten einen roten Farbstoff.[27]

4 Embryotransfer

Nach erfolgreicher Diagnostik können nun Embryonen in die Gebärmutter der Frau transferiert werden. Hierbei werden nur Embryonen übertragen, welche nicht von einer Krankheit betroffen sind. Embryonen, die ein unerwünschtes Merkmal aufweisen, werden verworfen.[28] Je nach Gesetzlage können unterschiedlich viele Embryonen in die Gebärmutter eingesetzt werden.[29]

5 Anwendungsspektrum der PID

5.1 Ermittlung von monogenen Erbkrankheiten

Die PID wird vor allem bei genetisch vorbelasteten Paaren (Hochrisikopaaren) eingesetzt, die ein hohes Risiko haben, ein Kind mit schweren monogenen Erbkrankheiten zu bekommen.[30] Ein Hochrisikopaar liegt vor, wenn z.B. beide Eltern eine autosomal-rezessive Krankheit, oder einer der beiden Partner eine autosomal-

---

[26] Vgl. Harper; Delhanty u.a. 2001, S.191
[27] Vgl. Murken/Cleve 1996, S.43; Harper; Delhanty u.a. 2001, S.191-192; Knippers 2001, S.473; Verlinsky/Kuliev 2005, S.29-40; Macas/Wunder 2006, S.71
[28] Vgl. Neuer-Miebach 1999, S.126
[29] Vgl. Harper; Delhanty u.a. 2001, S.136
[30] Vgl. Kollek 2003, S.76; NER 2003, S.37-38

dominante bzw. eine X-chromosomal vererbte Krankheit aufweisen.[31] Durch die PID können Embryonen, die von der entsprechenden monogenen Krankheit betroffen sind, vor dem Embryotransfer identifiziert werden und verworfen werden. Embryonen, die jedoch nach einer Untersuchung keine monogenen Krankheiten aufweisen, können potenziell in den Mutterleib transferiert werden.[32]

5.2 Chromosomal bedingte Krankheiten und altersbedingte Aneuploiden

Durch die PID können ebenfalls numerische und strukturelle Chromosomenstörungen vorgebeugt werden. Chromosomenstörungen entstehen in 8% aller Schwangerschaften.[33] Das Risiko einer Geburt des Kindes mit Chromosomenstörung steigt mit zunehmenden Alter einer Frau, da sich die Qualität der Eizellen mit fortschreitendem Alter verschlechtern. Daher wird eine PID vor allem für Frauen über 35 Jahren vorgeschlagen.[34] Zusammenfassend wird durch die PID mit Bezug auf die Chromosomal bedingten Krankheiten und die altersbedingten Aneuploiden ermöglicht, Embryonen mit Chromosomenstörungen bereits vor einer Implantation zu identifizieren und von einer anschließenden Transferierung auszuschließen.[35]

5.3 Männliche Fruchtbarkeitsstörungen

Bei männlichen Fruchtbarkeitsstörungen kann ebenfalls die PID genutzt werden. Wenn ein Mann eine Fruchtbarkeitsstörung aufweist, kann die extrakorporale Befruchtung mit ICSI durchgeführt werden.[36] Mit der PID soll eine weitere Übertragung der genetischen Fruchtbarkeitsstörung auf die nachfolgende Generation vermieden werden. Durch die PID wird es möglich Mutationen zu erfassen, die zur männlichen Unfruchtbarkeit führen.[37]

5.4 Selektion von Geschlecht

Des Weiteren kann die PID zur Geschlechtsselektion genutzt werden. Dabei wird durch die Fluoreszenz-In-Situ-Hybridisierung (FISH) das Geschlecht des Embryos festgestellt. Anschließend kann nur ein Embryo mit dem gewünschten Geschlecht in die

---

[31] Vgl. Enquete-Kommission des Deutschen Bundestages 2002, S.86
[32] Vgl. Kollek 2003, S.76; Nationaler Ethikrat 2003, S.37-38
[33] Vgl. Buselmaier/Tariveridan 1999, S.121
[34] Vgl. Kollek 2002, S.97; Munné 2006, S.245
[35] Vgl. Gianaroli 1997, S.1762-1767; Munné 2006, S.248
[36] Vgl. Kollek 2002, S.89
[37] Vgl. Diemer/Desjardins 1999, S.120-140

Gebärmutter zurückgesetzt werden. Vor allem können mit dieser Methode geschlechtsgebundenen Krankheiten vorgebeugt werden.[38]

5.5 Medizinische Selektion (HLA-Matching)

Zusätzlich können selektierte Embryonen als Gewebespender von Knochenmark oder Nabelschnurblut genutzt werden, um ein in der Familie erkranktes Kind zu behandeln.[39] Hierbei sind die spezifischen HLA Gene von Bedeutung, da die Übereinstimmung der HLA-Moleküle die Gewebeverträglichkeit bestimmt.[40] Unter Geschwistern ist die Wahrscheinlichkeit einer Übereinstimmung aller HLA-Moleküle am größten.[41]

5.6 Selektion von Kindern mit genetisch bedingten Krankheiten

Außerdem gibt es vereinzelt Eltern, die sich ein Kind mit einer monogenen Erbkrankheit wünschen, da sie an derselben Krankheit betroffen sind. Beispiele für solche Krankheiten wäre Gehörlosigkeit, Taubheit oder Kleinwüchsigkeit. Vor diesem Hintergrund kann eine PID erfolgen, um Embryonen, die die gesuchte Krankheit aufweisen zu selektieren und anschließend in den Mutterleib zu transferieren.[42]

6 Risiken und Probleme der IVF/ICSI und der PID im Allgemeinen

Die Anwendung der PID ist jedoch mit einigen Risiken und Problemen verbunden. Betrachtet man die Schwangerschaftswahrscheinlichkeit einer Frau beträgt diese 40% nach erfolgter IVF bzw. 38% nach einer ICSI. Sobald die Frau im Alter von 36-40 Jahren ist reduziert sich die Erfolgswahrscheinlichkeit auf ca. 30%. Frauen über 40 Jahren werden nach einem Embryotransfer nur noch in ca. 15% der Fälle Schwanger.[43] Diese Erfolgschancen gehen mit einer starken psychischen Belastung einher. Zudem wird die Frau bei der IVF starken hormonellen Belastungen ausgesetzt, welches mit körperlichen und gesundheitlichen Risiken einhergehen kann.[44]

Durch die Hormonelle Belastung kann ein ovarielles Hyperstimulationssyndrom (OHSS) entstehen. Symptome der OHSS sind vergrößerte Ovarien (Eierstöcke), Flüssigkeitsansammlungen im Bauchraum, Übelkeit und Erbrechen, niedriger Blutdruck,

---

[38] Vgl. Comité Consultatif National d'Ethique 2002, S.1
[39] Vgl. Robertson 2003, S.468
[40] Vgl. Travers, Walport u.a. 2002, S.743
[41] Vgl. Burmester/Pezzutto 1998, S.148
[42] Vgl. NER 2003, S.46
[43] Vgl. Neubauer 2009, S.35-36
[44] Vgl. Kollek 2002, S.60

Veränderung der Herzfrequenz, sowie Thrombosen, Leber-Nieren-Versagen und Atemnot.[45] Zudem entsteht ein erhöhtes Risiko einer Mehrlingsschwangerschaft beim Einsetzen von mehreren Embryonen in den Mutterleib. [46] Ebenfalls geht mit der künstlichen Befruchtung ein erhöhtes Risiko einer kindlichen Fehlbildung einher. Eine neuere Untersuchung aus Deutschland hat in insgesamt 95 Fertilitätszentren ein 1,25 mal höheres Fehlbildungsrisiko von Kindern ermittelt, die durch die Methode der ICSI gezeugt wurden. Mit Hinblick auf die diagnostischen Methoden kann es bei der PID zur Fehldiagnosen kommen, sodass nicht erwünschte Embryonen, wie z.B. mit genetischen Veränderungen, in den Mutterleib transferiert werden. [47]

7 Die Rechtslage in Deutschland

7.1 Das Embryonenschutzgesetz (ESchG) mit Bezug auf die PID

Die Anwendung der Präimplantationsdiagnostik wird durch das Embryonenschutzgesetz (ESchG) bestimmt. Das Embryonenschutzgesetz wurde am 13. Dezember 1990 erlassen und dient zum Schutz der missbräuchlichen Verwendung von Embryonen. Die PID hatte vorerst kein explizites Gesetz im ESchG, da es zum Zeitpunkt der Gesetzgebung die PID noch nicht gab. Daher wurde vorerst in das ESchG hineininterpretiert. Am 21. November 2011 wurde ein zusätzlicher Paragraf zur Präimplantationsdiagnostik erlassen, welches eine explizite Handhabung in Deutschland vorgibt. [48]

Im Folgenden werden die Ziele und Inhalte des Embryonenschutzgesetzes erläutert. Vorerst wird dabei die Interpretation der Juristen verdeutlicht, um die Handhabung der PID, vor der expliziten Gesetzgebung zu verdeutlichen. Anschließend wird der im November 2011 erlassene Paragraf, zur Regelung der Präimplantationsdiagnostik dargestellt.

Das Embryonenschutzgesetz (ESchG) verfolgt folgende Teilziele: Zum einen soll die extrakorporale Befruchtung nur für Fortpflanzungszwecke genutzt werden. Des Weiteren sollen Experimente mit in vitro vorliegenden Embryonen unterlassen werden. Zudem soll die Bindung zur Mutter erhalten bleiben und eine Entstehung überzähliger Embryonen vermieden werden, sodass es zu keiner missbräuchlichen Verwendung der

---

[45] Vgl. Abramov 1999, S.2181-2182; Steck 2001, S.69-71; Kollek 2002, S.58
[46] Vgl. Harper; Delhanty u.a. 2001, S.136
[47] Vgl. Lenzen-Schulte 2003, S.36
[48] Vgl. Bundesamt für Justiz 2011

Embryonen kommen kann. Außerdem soll das eigene Recht der Fortpflanzung stetig gewährleistet werden. Diese Ziele wurden im Embryonenschutzgesetz berücksichtigt.[49]

Vorerst werden die in §1 ESchG dargestellten missbräuchlichen Anwendungen von Fortpflanzungstechniken thematisiert. Zentral ist hierbei §1 Abs.1 Nr.2, welches verbietet Eizellen künstlich zu befruchten, welche nicht für eine Schwangerschaft der Frau genutzt wird, von der die Eizelle stammt. Dabei wird deutlich, dass menschliche Embryonen nicht zum Zwecke der Forschung erzeugt werden dürfen.[50] §1 Abs.1 Nr.5 zeigt, dass der Frau nicht mehr Eizellen entnommen werden dürfen, als ihr innerhalb eines Zyklus übertragen werden sollen. Um deutlich zu machen, wie viele befruchtete Eizellen übertragen werden dürfen wird in §1 Abs.1 Nr.3 verboten, mehr als drei Embryonen in den Mutterleib zu übertragen. Mit diesem Absatz wird deutlich, dass höchstens drei künstlich befruchtete Embryonen in den Mutterleib der Frau transferiert werden dürfen. Nach diesem Paragrafen ist die Durchführung einer PID grundlegend nicht verboten. Es ist jedoch für eine effiziente PID notwendig mehrere Eizellen zu entnehmen, damit vor dem Embryotransfer genug „gesunde" Embryonen vorhanden sind. Durch diese Gesetzgebung werden die Erfolgschancen der PID deutlich eingegrenzt.[51]

Anschließend wird in §2 ESchG die missbräuchliche Verwendung menschlicher Embryonen aufgegriffen. §2 ESchG verbietet die Nutzung von Embryonen, die nicht seiner Erhaltung dienen. Betrachtet man die Embryobiopsie bei der PID, so erkennt man, dass z.B. bei der Blastomerbiopsie ein bis zwei Zellen im 8-Zell-Stadium entnommen werden. Nach aktuellen Kenntnissen sind die Embryonalzellen im 8-Zell-Stadium teilweise noch totipotent. Sind die entnommenen Zellen totipotent bzw. können die entnommenen Zellen sich zu einem vollständigen Organismus entwickeln, so wird die Zerstörung der totipotenten Zellen nach §8 mit einer Zerstörung eines Embryos gleichgesetzt. Somit würde gegen §2 ESchG verstoßen werden. Daher müsste eine andere Methode der Embryobiopsie genutzt werden, wie z.B. die Blastozystenbiopsie. Bei der Blastozystenbiopsie werden die Trophoblastzellen untersucht, die nicht den

---

[49] Vgl. Keller; Günther 1992, S.81, S.121
[50] Vgl. Keller; Günther 1992, S.154
[51] Vgl. Neubauer 2009, S.53

eigentlichen Embryo bilden. Jedoch weist diese Art von Biopsie eine niedrigere Erfolgsquote auf.[52]

Mit dem 2011 erlassenen §3a ESchG zur Präimplantationsdiagnostik wurde eine explizite Reglung zur Handhabung der PID erlassen. Hierbei wird in §3a Abs.1 erläutert, dass vor einem Embryotransfer eine genetische Untersuchung an Embryonen rechtswidrig ist. Damit wird deutlich, dass grundlegend die PID in Deutschland verboten ist und nicht durchgeführt werden darf. In §3a Abs.2 werden Ausnahmefälle zur Verwendung der PID erläutert. Hierbei wird formuliert, dass wenn eine genetische Disposition beim Mann oder bei der Frau vorliegt, was ein hohes Risiko für eine schwere Erbkrankheit bei den Nachkommen schaffen kann, nicht rechtswidrig ist. Darauffolgend wird genannt, dass mit schriftlicher Einwilligung der Frau, von der die Eizelle stammt, eine genetische Untersuchung auf die entsprechende Krankheit erlaubt ist. Zudem wird erläutert, dass eine Embryo Untersuchung erlaubt ist, um schwerwiegende Schädigungen des Embryos festzustellen, welche mit hoher Wahrscheinlichkeit zur Tot- oder Fehlgeburt führen würde. Mit diesem Absatz zeigt sich, dass eine Präimplantationsdiagnostik in Ausnahmefällen angewandt werden darf. Das Anwendungsspektrum der PID wird jedoch deutlich eingeschränkt. Zudem darf die PID nur bei hohem Risiko genutzt werden, um schwerwiegende Erbkrankheiten oder Schädigungen des Embryos zu untersuchen. In §3a Abs.3 werden die Bedingungen zur Durchführung der PID genannt, wie die Zustimmung der Frau, die vorherige Aufklärung und Beratung, die Einwilligung einer Ethikkommission und die Durchführung an einem zugelassenen Zentrum nach allgemein anerkanntem Stand der Wissenschaft und Technik. Die Bundesregierung beschließt zudem durch die Rechtsverordnung mit Zustimmung des Bundesrates über die Anzahl der Zentren, an den die PID durchgeführt werden darf. Zudem entscheidet die Bundesregierung über die Qualifikation der Ärzte, die Dauer der Zulassung. Ebenso wird die Einrichtung, Zusammensetzung, Verfahrensweise und Finanzierung der PID von der Bundesregierung vorgegeben.[53]

---

[52] Neubauer 2009, S.54-55
[53] Vgl. Bundesamt für Justiz 2011

8   Ethischer Diskurs

Die Präimplantationsdiagnostik ist in Deutschland grundlegend gesetzlich verboten, bzw. in Ausnahmefällen stark eingeschränkt durchführbar. Mit dem diagnostischen Verfahren der PID ist jedoch theoretisch und praktisch viel mehr möglich als in Deutschland erlaubt ist. Daher wird im Folgenden die PID aus einer ethischen Perspektive betrachtet.

Häufig wird von Befürwortern der PID argumentiert, dass die PID zur Effizienzsteigerung der In Vitro Fertilisation (IVF) beitrage. Mit dem zunehmendem Alter der Frau verschlechtert sich die Qualität der Eizellen.[54] Aus diesem Grund können viele Embryonen Chromosomenstörungen aufweisen.[55] Durch die PID könnten daher Embryonen mit Chromosomenstörungen vor der Implantation erkannt und anschließend vom Transfer ausgeschlossen werden.[56] Daher wird von Befürwortern dieser Position vorgeschlagen das Screening auf Chromosomenstörungen zu erlauben.[57] In Deutschland ist das Screening auf Chromosomenstörungen bis auf Ausnahmefälle nicht erlaubt. In Deutschland könnte das PID Screening verboten sein, da die Befürchtung entsteht, dass z.B. lebensfähige Embryonen, die Trisomie 21 aufweisen verworfen werden und somit ihr Lebensrecht entzogen wird.[58] Dies lässt sich damit begründen, dass 90% der Schwangerschaften abgebrochen werden, falls ein behindertes Kind diagnostiziert wird.[59] Besteht daher das Angebot auf eine PID-Screening, so könnte dies häufiger genutzt werden, um Kinder mit Trisomie 21 auszusortieren. Außerdem könnten Frauen über 35 Jahren aufgrund der schlechteren Eizellen Angst bekommen ein Kind auf natürlichem Wege zu zeugen, da das Risiko besteht ein Kind mit Chromosomenstörungen zu bekommen. Aus diesem Grund könnte es dazu kommen, dass die Nutzung des PID-Screenings eines natürlichen Weges bevorzugt wird.[60] Betrachtet man die Effizienzsteigerung, so könnte das Verbot in Deutschland damit begründet werden, dass die PID auch das Risiko auf Fehldiagnosen

---

[54] Vgl. Spiewak 2005, S.177
[55] Vgl. Maranto 1996, S.253
[56] Vgl. Gianaroli 1997, S. 1762-1763; Munné 2006, S.248
[57] Vgl. De Wert 1998, S.349
[58] Vgl. Neubauer 2009, S.78
[59] Vgl. Van den Daele 2002, S.1
[60] Vgl. Neubauer 2009, S.79

aufweist. Diese liegt bei 36%.[61] Viele Behinderungen sind zudem nicht genetisch bedingt, sondern entstehen durch Probleme während der Schwangerschaft.[62]

Des Weiteren wird für die Zulassung der PID argumentiert, dass es durch die PID zur Verbesserung der Entscheidungsautonomie der Paare oder der Frau kommt.[63] Durch die Zulassung der PID würde es den potenziellen Eltern ermöglicht werden, eigenständig nach ihrer Wertevorstellung zu entscheiden, ob ein Verfahren wie die PID durchgeführt werden soll oder nicht.[64] Die PID in Deutschland kann jedoch nur eingeschränkt durchgeführt werden, falls ein hohes Risiko für eine schwerwiegende Erbkrankheit besteht. Dabei wird die Durchführung vollständig von der Bundesregierung bestimmt. Dies könnte damit begründet werden, dass es ohne Einschränkung der PID zu einem Entscheidungsdruck oder mangelnde Aufklärung und Beratung der Eltern kommen kann.[65] Durch gesellschaftliche Einflüsse kann auf die Frau oder dem Paar ein sozialer Erwartungsdruck entstehen, Methoden der vorgeburtlichen Diagnostik wie die PID in Anspruch zu nehmen.[66] Sollte die Frau auf die PID verzichten und ein behindertes Kind gebären, könnte es zu negativen Reaktionen der Gesellschaft kommen, wie: „Aber das wäre doch heutzutage nicht mehr nötig gewesen".[67]

Die Einschränkung der PID in Deutschland könnte ebenfalls durch die Probleme und Risiken der Methodik begründet werden. Betrachtet man die Erfolgsrate der PID und die damit verbundenen Risiken und Probleme für die Frau, so ergeben sich einige verwerfliche Aspekte. Allein die IVF zeigt eine niedrige Erfolgsrate. Diese betrug 2005 ca. 17% pro IVF-Zyklus. Ab einem Alter von 40 Jahren steht die Erfolgsrate der IVF nach drei IVF-Zyklen bei 12%.[68] Diese niedrigen Erfolgsraten stellen bereits eine große psychische Belastung bei der Frau dar.[69] Die Frau kann jedoch nicht nur unter psychischen Belastungen leiden, sondern auch unter physischen. Die PID erhöht das Risiko einer Mehrlingsschwangerschaft, da je nach Gesetzgebung mehrere Embryonen

---

[61] Vgl. Neubauer 2009, S.93
[62] Vgl. Enquete-Kommission des Deutschen Bundestages 2002, S.97
[63] Vgl. Schöne-Seifert 1999, S.88
[64] Vgl. Enquete-Kommission des Deutschen Bundestages 2002, S.95
[65] Vgl. Haker 1999, S.112
[66] Vgl. Hildt 1998, S.212
[67] Vgl. Schöne-Seifert 1999, S.93
[68] Vgl. Spiewak 2005, S.121
[69] Vgl. Neubauer 2009, S.90

in die Gebärmutter eingesetzt werden dürfen.[70] Zudem kann aufgrund der Hormonbehandlung bei der IVF zu gesundheitlichen Problemen, wie Kopfschmerzen, Depressionen, Spannungsgefühle in der Brust, Müdigkeit oder zur Hyperstimulationssyndrom kommen.[71]

Wenn man all diese ethischen Aspekte betrachtet, fällt auf, dass mit dem Eingreifen in die Schwangerschaft sehr viele Fragen entstehen, die nicht immer Beantwortbar sind. Wo die Grenze in das Eingreifen einer Schwangerschaft gesetzt wird, ist fließend. Es gibt keine rote Linie, die genau definiert, was richtig und was falsch ist.

9 Schluss

In dieser Facharbeit wurde die zellbiologische und molekulargenetische Untersuchung der PID erläutert. Zudem wurde das Anwendungsspektrum der PID dargestellt und die eingeschränkte Handhabung in Deutschland aufgezeigt. Im ethischen Diskurs wurde betrachtet, welche Aspekte der PID moralisch verwerflich erscheinen. Insgesamt ist zu erkennen, dass die Präimplantationsdiagnostik ein sehr weites Anwendungsspektrum bietet, jedoch gleichzeitig für viel Diskussionsbedarf sorgt. Hierbei ist zu erkennen, dass man die PID aus unterschiedlichen Perspektiven betrachten kann und es keine einheitliche Sichtweise gibt. Dies spiegelt sich auch in der Handhabung der verschiedenen Länder wider. Daher wäre noch zu klären, wie die PID in anderen Ländern angesehen wird und wie die Rechtslage dort aufgestellt ist. In der Zukunft müsste man die Erfolgsraten der PID in verschiedenen Ländern aus ethischen, biologischen und psychologischen Perspektiven betrachten, um die Anwendung der PID so zu gestalten, dass es so viele Vorteile wie möglich bietet, aber nicht zu viele Risiken und verwerfliche Aspekte in Kauf genommen werden müssen. Darüber hinaus wäre es interessant, zukünftige Anwendungsgebiete der PID zu betrachten. Die PID bietet zum jetzigen Zeitpunkt ein besonders weites Anwendungsspektrum. Daher stellt sich die Frage, inwieweit dies noch erweiterbar ist. Alles in allem ist die PID trotz gespaltener Ansichten ein medizinischer Fortschritt, wobei die Nutzung der PID sicherlich auch in Zukunft ein stark umstrittenes Thema bleiben wird.

---

[70] Vgl. Neubauer 2009, S.88
[71] Vgl. Neubauer 2009, S.88

10 Quellen und Literaturverzeichnis

Primärquellen

Abramov, Y., Elchalal, U. and Schenker, J.G. (1999) An epidemic of severe ovarian hyperstimulation syndrome: a price we have to pay? Hum. Reprod., Cochrane Injuries Group deals with critically ill patients, 14(9), 2181–2183

Burmester, G.-R., Pezzutto, A., (1998): Taschenatlas der Immunologie. Stuttgart: Thieme Verlag

Buselmaier, W. & Tariverdian, G. (2006). Humangenetik. Berlin; Heidelberg: Springer Verlag, 2. Auflage

De Wert, G. (1998). Dynamik und Ethik der genetischen Präimplantationsdiagnostik – Eine Erkundung. In: M. Düwell, D. Mieth (Hrsg.): Ethik in der Humangenetik. Die neueren Entwicklungen der genetischen Frühdiagnostik aus ethischer Perspektive. Tübingen; Basel: Francke Verlag; S.327-357

Diemer T, Desjardins C. Developmental and genetic disorders in spermatogenesis. Hum Reprod Update. 1999 Mar-Apr;5(2):120-40

Enquete-Kommission des Deutschen Bundestages „Recht und Ethik der modernen Medizin" (2002). Schlussbericht.

Gianaroli, L., Magli, M. C., Munné, S., Fiorentino, A., Montanaro, N., Ferraretti, A. P. (1997). Will preimplantation genetic diagnosis assist patients with a poor prognosis to achieve pregnancy? Human Reproduction, 12(8): 1762-1767.

Haker, H. (1999). Präimplantationsdiagnostik als Vorbereitung von Screeninprogrammen? In: Ethik in der Medizih (Bd.11/Suppl.1) Berlin: Springer Verlag, S.104-114.

Hardy, K., Martin, K. L., Leese, H.J., Winston, R.M.L., Handyside, A.H. (1990). Human preimplantation development in vitro is not adversely affected by biopsy at the 8-cell stage. Human Reproduction, 5(6): Abstract.

Harper, J.C., J. D.A. Delhanty, Alan H. Handyside (eds): Preimplantation genetic diagnosis.

Hildt, E. (1998). Über die Möglichkeit freier Entscheidungsfindung im Umfeld vorgeburtlicher Diagnostik. In: M. Düwell, D. Mieth (Hrsg.): Ethik in der Humangenetik. Die neueren Entwicklungen der genetischen Frühdiagnostik aus ethischer Perspektive. Tübingen, Basel: Francke Verlag, S. 202-224.

Janeway; C.A., Travers, P., Walport, M., Shlomchik, M. (2002). Immunologie. Hiedelberg, Berlin: Spektrum Akademischer Verlag, 5. Auflage.

Knippers, R. (2001). Molekulare Genetik. Stuttgart: Thieme Verlag, 8. Auflage.

Kokkali, G., Vrettou, C., Traeger-Synodinos, J., Jones, G.M., Cram, D. S., Stavrou, D. Trounson, A.O., Kanavakis, E., Pantos, K. (2005). Birth of a healthy infant following trophoectoderm biopsy from blastocysty for PGD of ß- thalassaemia major: Case report. Human Reproduction, 20(7): 1855-1589

Kollek, R (1999). Von Schwangerschaftsabbruch zur Embryonenselektion? Expansionstendenzen reproduktionsmedizinischer und gentechnischer Leistungsangebote. In: Ethik in der Medizin (Bd.11/Suppl.1). Berlin: Springer Verlag, S.121-124

Kollek, R (2002). Präimplantationsdiagnostik. Embryonenselektion, weibliche Autonomie und Recht. Tübingen, Basel: Francke Verlag, 2. Auflage.

Lenzen-Schulte, M. (2003). Krank aus der Retorte. Spektrum der Wissenschaft, 12:36-44.

Macas, E., Wunder, D. (2006). Assistierte Reproduktionsmedizin. Techniken im IVF-Labor. Bern: Hans Huber.

Maranto, G. (1996). Quest for Perfection. The drive to breed better human beings. New York: Scribner.

Munné, S., Weier, H. U. G., Grifo, J., Cohen, J. (1994). Chromosome mosaicism in human embryos. Biology of Reproduction, 51: 373-379

J., Cleve, H. (1996). Humangenetik. Stuttgart: Ferdinand Enke Verlag, 6. Auflage.

Nationaler Ethikrat (2003). Genetische Diagnostik vor und während der Schwangerschaft. Berlin: Saladruck.

Neuer-Miebach. T. (1999). Welche Art von Prävention erkaufen wir uns mit der Zulässigkeit von Präimplantationsdiagnostik? In: Ethik in der Medizin (Bd.11/Suppl.1) Berlin: Springer Verlag, S.125-131

Rehm; H., Hammar, F. (2001). Biochemie light. Frankfurt am Main: Harri Deutsch, 2. Auflage.

Robertson, J.A. (2003). Extending preimplantation genetic diagnosis: the ethical debate. Ethical issues in new uses of preimplantation genetic diagnosis. Human Reproduction, 18(3): 465-471

Schöne-Seifert, B. (1999). Präimplantationsdiagnostik und Entscheidungsautonomie. Neuer Kontext- altes Problem. In: Ethik und Medizin (Bd. 11/Suppl.1). Berlin: Springer Verlag, S.87-98

Spiewak, M. (2005). Wie weit gehen wir für ein Kind? Im Labyrinth der Fortpflanzungsmedizin. Frankfurt am Main: Eichenborn Verlag, 2. Auflage

Steck, T. (2001). Praxis der Fortpflanzungsmedizin. Manual für Praxis, Klinik und Labor. Stuttgart: Schattauer Verlag.

Van den Daele, W. (2002). Zeugung auf Probe. Die Zeit 41/2002. http://www.zeit.de/2002/41/Zeugung_auf_Probe (Zugriffsdatum: 04.06.2021)

Sekundärliteratur

Bickel, H., Büntge, A., Montero, I., Schmidt, C. & Stock, P. (2015). Natura Biologie Oberstufe Qualifikationsphase. Ausgabe Nordrhein-Westfalen: Schülerbuch Klassen 11/12 (G8) (Natura Biologie Oberstufe. Ausgabe für Nordrhein-Westfalen ab 2014) (1. Aufl.). Klett.

Bundesamt für Justiz – Gesetz zum Schutz von Embryonen (Embryonenschutzgesetz – EschG) (2011) https://www.gesetze-im-internet.de/eschg/BJNR027460990.html (Zugriffsdatum: 23.05.2021)

Neubauer, M. (2009). Medizinisch-naturwissenschaftliche, juristische und ethische Aspekte der Präimplantationsdiagnostik (1., Aufl.). Igel Verlag Fachbuch.

Nicolay, N., Antwerpes, F., Güney, O. T. & Palmer, L. F. (2020, 19. Februar).

Polymerase-Kettenreaktion. DocCheck Flexikon.

https://flexikon.doccheck.com/de/Polymerase-Kettenreaktion

(Zugriffsdatum: 01.06.2021)

Steger, F., Ehm, S. & Tchirikov, M. (2014). *Pränatale Diagnostik und Therapie in Ethik,*

Medizin und Recht (2014. Aufl.). Springer.

Quarks, (15.11.2018), Warum Pränataldiagnostik auch schaden kann | Quarks,

YouTube. https://www.youtube.com/watch?v=mTlm7Uq04EA

(Zugriffsdatum 01.06.2021)